室内设计风格图典

美式风格

李江军 编

中国电力出版社
CHINA ELECTRIC POWER PRESS

内容提要

本系列分为四册，为国内目前应用最广的四类风格，即《简约风格》《美式风格》《欧式风格》《新中式风格》。每册图书图文并茂地剖析了风格发展史与装饰特征、配色重点以及各种氛围的配色方案、装饰材料的选择与应用、室内软装细节的陈设布置；本书邀请十余位设计名师对一些经典的设计方案进行软装陈设手法的深度解析，并精选数百个代表国内顶尖室内设计水平的案例，极具参考价值。

图书在版编目（CIP）数据

室内设计风格图典. 美式风格 / 李江军编. —北京：中国电力出版社，2018.10
ISBN 978-7-5198-2450-1

Ⅰ. ①室… Ⅱ. ①李… Ⅲ. ①室内装饰设计－图集 Ⅳ. ①TU238.2-64

中国版本图书馆CIP数据核字（2018）第218216号

出版发行：中国电力出版社
地　　址：北京市东城区北京站西街19号（邮政编码100005）
网　　址：http://www.cepp.sgcc.com.cn
责任编辑：曹　巍　（010-63412609）
责任校对：黄　蓓　郝军燕　李　楠
责任印制：杨晓东

印　　刷：北京盛通印刷股份有限公司
版　　次：2018年10月第一版
印　　次：2018年10月北京第一次印刷
开　　本：889毫米×1194毫米　16开本
印　　张：10
字　　数：302千字
定　　价：58.00元

前言

- F O R E W O R D -

对于初次做装修的业主来说，首先围绕着他们的问题就是装修应该采用什么风格。近年来国内流行最广的是新中式风格、简约风格、美式风格以及欧式风格。

新中式风格是在传统中式风格基础上演变来的，空间装饰多采用简洁、硬朗的直线条。例如直线条的家具上，局部点缀富有传统意蕴的装饰，如铜片、铆钉、木雕饰片等。材料上选择使用木材、石材、丝纱织物的同时，还会选择玻璃、金属、墙纸等工业化材料。

简约风格包括现代简约风格、北欧风格、现代时尚风格、后现代风格等。它的特点是将设计的元素、色彩、照明、原材料简化到最少的程度。在当今的室内装饰中，现代简约风格是非常受欢迎的。因为简约的线条、着重在功能的设计最能符合现代人的生活。

美式风格包括美式古典风格、美式新古典风格、美式乡村风格、现代美式风格等。美式风格在扬弃巴洛克和洛可可风格的新奇和浮华的基础上，建立起一种对古典文化的重新认识。它既包含了欧式古典家具的风韵，但又不会像皇室般奢华，转而更注重实用性，兼具功能与装饰。

欧式风格包括巴洛克风格、洛可可风格、简欧风格、新古典风格等。巴洛克风格色彩强烈，装饰浓艳；洛可可风格纤巧、华美、富丽；简欧风格显得清新自然；新古典风格风格传承了古典风格的文化底蕴、历史美感及艺术气息，同时将繁复的装饰凝练得更为简洁精致。

本套系列图书共分四册，分别是《新中式风格》《简约风格》《美式风格》以及《欧式风格》。每册图书图文并茂地剖析了风格发展史与装饰特征、配色重点以及各种氛围的配色方案、装饰材料的选择与应用、室内软装细节的陈设布置；邀请十余位设计名师对一些经典的设计方案进行软装陈设手法的深度解析，最后精选数百个代表国内顶尖室内设计水平的案例呈现给读者。

本书的特点是参考价值高，不仅对四个广受欢迎的设计风格做了深度剖析，而且有海量的最新案例可以直接作为设计师日常进行方案设计的借鉴。此外，本书的内容通俗易懂，摒弃了传统风格类图书中诸多枯燥的理论，即使对没有设计基础的装修业主来说，读完本书后，也能对自己所喜爱的风格有所了解和掌握。

编 者

目录

CONTENTS

室内设计风格图典

第一章

美式风格

发展史与装饰特征

01
美式风格发展历史

美式风格是来自于美国的室内装饰风格。美国作为一个移民国家，在短暂的历史文化中，深受殖民文化的影响，因此其家居装饰风格在英式风格及欧式风格的基础上，融合了各个国家的设计特点和装饰元素。同时，由于美国地大物博，极大地激发了人们对尺寸的追求，使得美式风格以宽大、舒适而著称。此外，由于近年来美国人对东方文化呈现出越来越浓厚的兴趣，因此在其家居空间中或多或少会出现如中式风格、日式风格、东南亚风格等家居装饰风格的元素。由此可见，美式家居装饰风格实际上是一种极具包容性的混合风格。并且具有注重装饰细节、饱含古典情怀、空间简洁大方，以及融合多种风情于一体的特点。

美国人非常崇尚自由，追求随性、无拘无束的生活方式。而且由于美国文化强调个人价值、追求民主自由、崇尚开拓和竞争，因此，在家居装饰设计上讲求随性、理性和实用性，不会出现太多造作的修饰与约束，其空间弥漫着一种闲适的浪漫风情。同时又不乏自然、怀旧、贵气的空间特点。因此，美式风格的家居设计特点，体现出了文化和历史的包容性以及对空间设计的深度享受。

美式风格传承了美国的独立精神，注重通过生活经历的累积，以及对品味的追求，从中获得家居装饰艺术的启发，并且摸索出独一无二的空间美学。比如美国影视作品里的美式居家，有家人的照片在角落里，有不舍得放弃的阳台小花园，有开放厨房回荡着全家的笑声，有明亮的浴室让人去除疲倦。美式风格不仅仅是一种家居装饰风格，更像是一种生活态度。美式家居常常呈现出温馨的居住氛围。因为美国人认为房子是用来住的，不是用来欣赏的，要让住在其中或偶尔来往的人都倍感温暖，才是美式风格家居的真正设计精髓。此外由于美国是世界上汽车保有量最大的国家，其发达自由的交通和美国人冒险好动的传统，使许多美国人从乡村辗转到城市，又从市中心流向郊区，并由此创造出了轻松、舒适、混搭的美式风格家居空间。

◇ 美式风格家居追求舒适性，家具通常显得宽大厚重

◇ 美式风格家居经常点缀怀旧复古的软装元素

◇ 由于美国是一个移民国家，所以其室内设计中融入了多种风格的文化与元素

◇ 美式风格的设计在注重实用性的同时，通常显得十分随性

◇ 开放式厨房彰显美国人对自由的追求和对生活的热爱

02

美式风格装饰特征

○ 美式古典风格

美式古典风格源于欧洲，它舍弃了过分的装饰和浮华，在对古典风格深入理解的基础上，注入了美式风格特有的设计元素，从而形成的自己的风格特色，强调简洁、明晰的线条和优雅、得体有度的装饰。美式古典风格在材质及色调的运用上都呈现出粗犷、做旧的质感和年代感，营造温馨的古典气质。

美式古典风格的家具在结构、雕饰和色调上往往显得细腻高贵，于耐人寻味中透露着亘古久远的芬芳。家具在用色上一般以单一色为主，在强调实用性的同时非常重视装饰，因此常用镶嵌或者浅浮雕等形式为家具搭配各种装饰图案，比如风铃草、麦束和瓮形图案，此外还会运用一些象征爱国主义的图案，如鹰形图案等。在家具材质的选择上，一般采用胡桃木和枫木，为了突出木质本身的特点，会使用复杂的薄片贴面处理，使纹理本身成为一种装饰，并且可以在不同角度下产生不同的光感。

◇ 美式古典风格客厅

◇ 美式古典风格餐厅

◇ 美式古典风格休闲区

◇ 美式古典风格卧室

◇ 美式古典风格书房

○ 美式乡村风格

美式乡村风格起源于 18 世纪美国拓荒者的住所，因此具有简朴自然的特点。然而现如今的美式乡村风格则以舒适机能为导向，将不同风格中的优秀元素汇集融合，强调回归自然，让家居环境变得更加轻松、舒适。美式乡村风格的家居空间有着浓郁的乡村气息，其家具以殖民时期风格为代表，体积庞大，质地厚重，彻底地将早期欧洲王室贵族的家具平民化，气派而且实用。家具的材质以松木、枫木、桃花心木以及樱桃木为主，线条简单没有过多的雕饰，仍保有木材原始的纹理和质感，有的甚至会刻意添上仿古的瘢痕和虫蛀的痕迹，创造出一种自然古朴的质感，展现原始粗犷的空间特点，非常的自然且舒适，并且充分地显现出乡村的朴实风味。

美式乡村风格是通过美国乡村居住方式演变而来的一种家居装饰形式，它在传统与严谨中带有一丝自然随意的感觉，并且兼具古典主义的优美造型与美式风格的功能配备。因此不论是宽大厚重的家具，还是带有岁月沧桑痕迹的配饰，都呈现着既简洁明快，又温暖舒适的感觉。摇椅、小碎花布、野花盆栽、小麦草、水果、瓷盘、铁艺制品等都是乡村风格空间中常运用到的装饰元素。此外，布艺是美式乡村中非常重要的装饰元素，本色的棉麻更是其风格布艺运用的主流，布艺的天然感与乡村风格的空间特点能很好地形成协调，再搭配以各种繁复的花卉植物、鲜活的鸟虫鱼图案，让空间显得更为舒适和随意。

◇ 美式乡村风格客厅

◇ 美式乡村风格卧室

◇ 美式乡村风格书房

◇ 美式乡村风格餐厅

◇ 美式乡村风格休闲区

○ 现代美式风格

现代美式家居风格起源于 20 世纪的美国，是美式家居装饰的发展趋势，由于受到欧式风格的影响，同时又吸收了传统美式装修风格的特点，因此逐步形成了一种独特的家居装饰风格。相对传统的美式风格，现代美式风格的色彩及空间在设计更加丰富，同时也更加年轻化，在家具的选择上更有包容性。华贵大气而又不失自在与随意是现代美式风格最大的空间特点。此外，现代美式风格的空间线条往往会设计得清爽明快，并且善用优雅的弯腿式家具、白色的门窗和大方舒适的格局设计等元素去装饰家居，呈现出一种现代而优雅的独特魅力，并且为家居环境带来了平和舒适的意境。由于现代美式风格在装修过程中多使用较硬、华丽、光挺的装修材料，因此可以最大限度地装修出大空间的效果。

现代美式风格的色彩搭配具有大方典雅的特点，其家居空间的配色设计给人以温馨柔和的感觉。由于现代美式风格善于运用混搭的形式去营造舒适优雅的家居气氛，因此不需要太多的色调去修饰。这种简约的空间配色形式营造出了一种温馨舒适的家居环境。此外，还可以在地面利用木地板和地毯加以点缀，避免空间显得过于单调，所以木地板和地毯的搭配不仅可以软化房间风格，还增加了居住的舒适度。

现代美式风格往往将家居空间设计得简约清爽，常利用浅色系的墙面、沙发、顶面点缀空间，再搭配深色的木地板和茶几及电视背景墙，给人以简洁大方，却又高贵典雅的感觉。除此之外，为了平衡家居的视感，现代美式风格的空间常常会去掉零碎的层次划分，使空间看上去简而不凡。由于受到欧式风格的影响，现代美式的家居空间也常运用丰富的木线变化、富丽的窗帘帷幄等提升空间的装饰感，但比欧式风格更加讲究高雅大方，在空间层次上也没有过多的装饰，体现出一种崇尚自然的简约气质。现代美式风格无论是家具还是设计方式，都给人一种高雅大方的感觉，也由此给久经喧闹的人们带来一丝心灵上的慰藉。

李益中设计

◇ 现代美式风格客厅

◇ 现代美式风格卧室

◇ 现代美式风格餐厅

◇ 现代美式风格休闲区

◇ 现代美式风格书房

○ 美式新古典风格

美式新古典风格融合了美式风格的空间特点，以及新古典风格的家居设计理念，呈现出高雅时尚的感觉。美式新古典风格在设计上虽然保留了古典风格的装饰特点，但通常会将其中的繁杂元素加以舍弃，同时简化各种装饰物的线条，并融入美式风格中的现代元素，给人以优雅大方、唯美舒适的居住体验。此外，美式新古典风格的空间布局较为开阔舒适，整体设计追求空间上的现代和细节上的古典，以现代的工艺和手艺去重塑传统古典风格的装饰，并且相应地简化一些复杂的设计元素，不仅更加舒适宜居，同时也为家居环境带来古今结合的美感。

美式新古典风格的家具注重简单大方的镌刻和温馨典雅的设计，在传承古典家具色泽和质感的同时，还考虑到了现代人的生活习惯，因此具有优雅大方，舒适实用的特点。此外，美式新古典风格的家具设计不仅满足了日常生活的基本需求，而且极富装饰美感，整体充满典雅气息并且亲切感十足。由于结合了古典风范与现代精神，因此家具呈现出多姿多彩的面貌，也由此成了美式新古典风格中的空间亮点。

◇ 美式新古典风格客厅

◇ 美式新古典风格书房

◇ 美式新古典风格休闲区

◇ 美式新古典风格餐厅

◇ 美式新古典风格卧室

第二章

美式风格

室内空间配色设计

01

美式风格色彩搭配要点

美式风格的色彩搭配有着典雅大方、自然舒适的特点。在美式风格中，很难看到透明度比较高的色彩，因此不管是浅色还是暗色，都不会给人造成视觉上的冲击感。并且家居对色彩的包容度非常高，没有特别大的局限性，可简约、可复古，可浮华繁复，也可冷峻刚硬。亮黄色、深红色、深绿色、深棕色、暗红色等都是美式风格中经常运用的色彩。

美式风格的空间虽然色彩十分丰富，但由于在搭配时有主有次，不喧宾夺主，因此丝毫不会显得凌乱。在美式风格中，沉稳的大地色系聚集在整个空间的下层部位，经常运用在地板及家具上，墙上及天花的颜色则更多地采用浅一点的米色、浅咖色等，上浅下深的配色形式能让空间显得更加平稳。

此外，由于美式风格夹杂着世界各地的装饰元素，因此在空间色彩也蕴含着各个民族的特色，但总体追求一种自由随意、简洁怀旧的感受。有着优容雅量，兼容并包的特点，同时也是古典与现代、尊贵与随性的完美结合。

◇ 暗棕色、土黄色等大地色系给人亲切舒服的感觉，是美式风格家居中常见的色彩

◇ 高级灰在美式风格客厅中的应用

◇ 绿色与深木色的搭配散发着质朴自然的气息

◇ 胡桃木色或枫木色也是美式风格卧室常用的色彩之一，体现原始粗犷的美感

02 美式古典配色方案

美式古典风格的色彩搭配一般以深色系为主，深色的运用可以让整个空间显得稳重且优雅，并且富有古典美感。此外，如能点缀以适量柔和的色彩，还可以为古典的空间营造出温馨的气息。

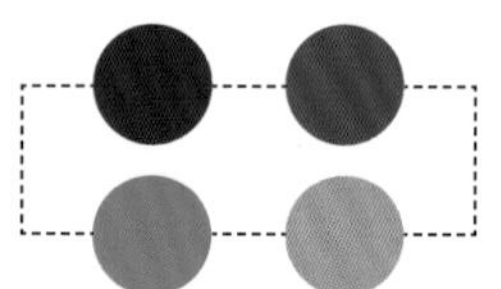

奢华古典的美式风格，整体空间色彩比较厚重，是古典美式常用的色彩表现手法。硬装以深色黑胡桃为主，家具色彩以厚重的棕色为主，只有地毯以明快的花纹驼色羊毛为主要对比。整个空间搭配传统的欧式写实油画并配以金色雕刻画框，极尽奢华。

黑胡桃色 | 棕色 | 驼色 | 金色

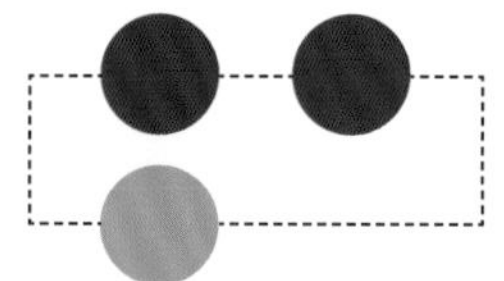

传统的美式风格，整体喜欢木作，多选用暗红色的桃心木装饰。所以传统美式风格中，美式家具一直占主要地位，原始、自然、纯朴的家具色彩成为空间的主体色彩。主体沙发喜欢选用尺寸大、舒适的款式，复古的油蜡皮、花卉图案的布艺都是主要元素。

红胡桃色

暗红色

杏黄色

03

美式乡村配色方案

美式乡村风格有着自然舒适的空间特点，因此在色彩上多以自然色调为主，尤其是墙面的色彩的运用，以自然、怀旧、散发质朴气息的色彩为首选，而在家具以及陈设品的色彩运用上则以朴实、怀旧、贴近大自然为主。

原木色　深棕色　蓝色

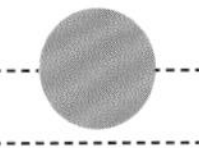

原木色的木梁顶部、墙面的拱形窗、做旧的墙面壁纸，体现着岁月的磨砺痕迹，并且强调了向往自然的内心渴求。简化的四柱大床搭配具有青花瓷元素的台灯、花器，低调而奢华。植物花草装饰画、皮毛地毯，流露着自然而纯朴的气质。

米色　叶绿色　深棕色　马鞍棕

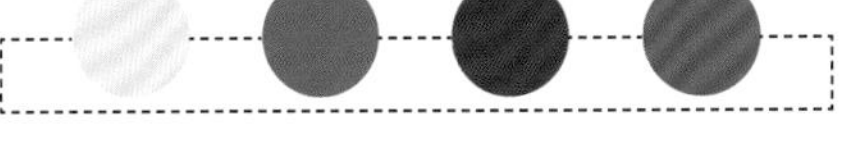

米色先天具备暖色属性，作为背景色最能体现卧室的温馨，叶绿色主体色集中体现在软装上，形成稳定的色调关系，深棕色与马鞍棕的组合，加强主体色的轮廓，也加强了背景色的属性，是值得学习的手法。

米色　深棕色　岩石灰　太妃红

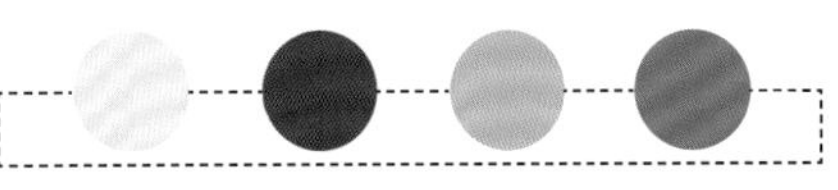

米色与原木色最适宜体现乡村美式风格的粗犷与休闲，是背景色的最佳选择，厚重的深棕色皮革家具与太妃红色的布艺绒面家具彼此形成肌理对比，也加强了与背景色之间的节奏关系，点缀色方面采用岩石灰，调和了主色调偏暖的问题，也加强了乡村美式的风格倾向。

04

美式新古典配色方案

美式新古典风格在色彩搭配时，要考虑到复古元素和现代元素，其搭配要点是让家居空间呈现出忆古思今的生活氛围。比如雅致的米色墙纸、咖啡色的沙发、做旧色彩的木地板和仿古砖都能让空间显得无限温馨。

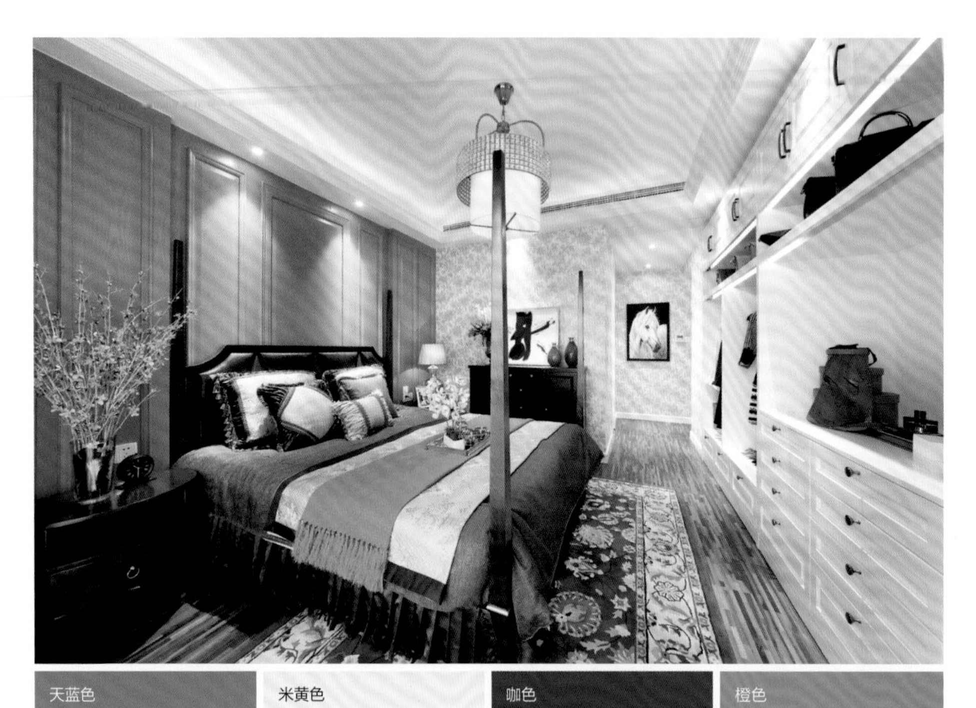

天蓝色 米黄色 咖色 橙色

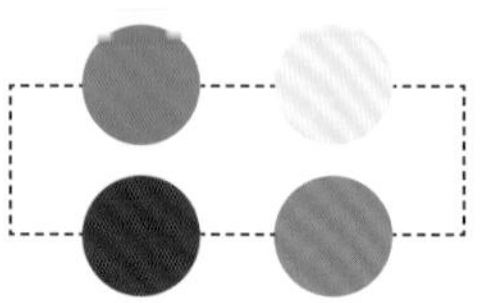

传统的天蓝色墙面护墙板，搭配米黄色植物花型壁纸，对比强烈。白色的衣帽柜，实用大方，并且带来了洁净的视觉感受。经典的咖色四柱床成了空间中的视觉主体，在左右两侧搭配同色系的床头柜，以其细腻精致的细节，给人一种低调贵气的感觉。蓝色、橙色的双层搭毯，成了空间里最显眼的色彩。

黑色 卡其色 深棕色

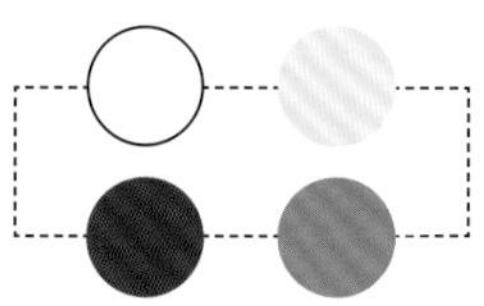

旋转的楼梯过道，构成了近处景色。白色的护墙板造型搭配顶棚石膏线，简单而精细。旋转的白色栏杆及实木扶手，所有细节设计都强调着特殊而大胆的设计。深一度的楼梯边柜、卡其色皮质单椅，丰富了楼梯侧面的视觉，整体过道空间色彩统一，且层次分明。

现代美式风格家居空间的色彩搭配往往呈现着低调高雅的质感，同时又兼具一种利落干练之美，为家居环境带来现代而时尚的感觉，同时也表达着美式家居的自由休闲。如能在现代美式风格的空间点缀以浅淡的金属色，还能为家居环境增添一缕华丽的现代感。

05 现代美式配色方案

蓝色	黑色	淡蓝色	灰色

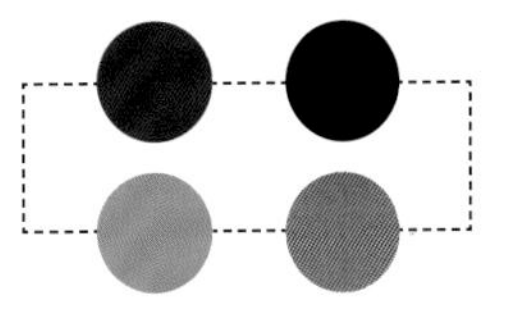

蓝色调的现代美式风格，家具的漆面处理采用了现代的工艺，色彩选用黑色，配上黑色的亮面皮革，整个家具有了一个全新的面貌。床的背景墙采用淡蓝色连续纹样壁纸，搭配蓝色几何圆形地毯、淡蓝色格子床品，使得整个空间现代而又不失美式韵味。

浅卡色　咖色　灰色　金色

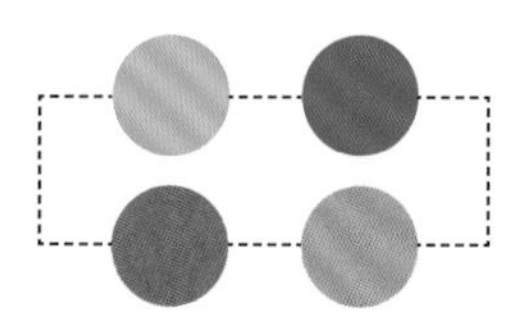

对称、宽敞的现代美式客厅，低调奢华。浅卡色的背景墙面、纯色理石壁炉，配上咖色包纽三人位沙发，丰富而典雅。旋切木框单人沙发搭配着大花纹的布艺靠包、金色金属角几，更加体现出了复古的氛围。壁炉上的金色雕刻画框的装饰画、银色蜡台，呈现出低调且奢华的气质。

室内设计风格图典

第三章

美式风格

室内空间装饰材料

01

顶面装饰材料

○ 木饰面板吊顶

美式风格家居为了在空间中传达出尊崇自然的设计特点，通常会在吊顶中大量地设计木饰面，甚至会将木饰面板铺满吊顶，给人以用实木构建整个房屋的感觉。如果将墙面涂刷成白色，不仅可以弱化空间内木质带来的深色调，而且能和木饰面板吊顶在色彩上形成对比，从而增加了空间的层次感。错落搭配设计的木饰面板吊顶，展现着浓郁的美式自然风情，而且还可以搭配石膏板、实木梁柱等材质一同打造出具有美式风格特色的顶面空间。

◇ 大面积木饰面板吊顶采用刷白处理，避免压抑感

◇ 木饰面板吊顶经过锉刀痕处理，形成了不做修饰的美式乡村感受

◇ 木饰面板搭配吊扇灯展现美式乡村风格追求自然与原生态的特征

◇ 浅木色吊顶搭配白色床品，使得整个卧室空间显得清新自然

◇ 过道满铺木饰面板吊顶，展现美式的自然风情

◇ 木饰面板吊顶搭配粗犷的文化石墙面，体现着岁月的磨砺痕迹

○ 装饰木梁

美式风格的空间装饰崇尚回归自然，因此常用木质横梁作为顶面装饰，比如将实木梁柱高低错落地设计排列，形成井字形式的吊顶，配合灯具以及单层或多种装饰线条进行装饰，使得美式风格的顶面造型活泼大方，并且层次分明，装饰效果非常突出。此外，也可以将实木梁柱平行地排列在吊顶中，起到拓展空间的视觉宽度的效果。需要注意的是装饰木梁在设计和施工的时候不但要计算好尺寸、宽度、结构牢固性等要素，同时还要考虑到材质打底、油漆收口等细节上的处理，从而保证最终的安全性和完整性。

◇ 装饰木梁与金箔纸的结合给人一种低调贵气的感觉

◇ 呈几何造型的装饰木梁成为空间的视觉焦点，打破了大面积白色墙顶面的单调感

◇ 深棕色的装饰木梁显得温润而富有质感，迎合了美式风格自然而纯朴的特点

◇ 平行排列的装饰木梁起到拓宽空间视觉宽度的效果

◇ 呈不规则排列的装饰木梁与随意布置的客厅家具完全符合美式空间的精神

02 墙面装饰材料

○ 文化砖

文化砖是美式风格家居空间经常使用到的材料，富有质感的外形和低调的色彩设计让其独具魅力。如今文化砖已不再只是单一的色调了，颜色的渐变搭配，使其装饰效果更具观赏性。虽然各种类型的文化砖在颜色及外形上不尽相同，但是都能恰到好处地提升家居空间的气质。

在美式风格的空间里运用文化砖时，应根据墙面的大小来选择文化砖的式样大小，大面积墙面尽量选择大块的，反之则选择小一点的，体积上的相互协调能带来更为明显的装饰效果。虽然文化砖能体现出美式风格空间典雅自然的气质，但在使用时忌大面积的铺贴，而是以局部的装饰点缀为主。

◇ 灰色文化砖在表现自然质朴的同时显得简洁大气，创造出节奏明快的美式空间

◇ 白色文化砖强调了现代美式风格对自然的追求，文艺清新感扑面而来

◇ 用白漆简单粗略处理过的文化砖有一种粗犷感

◇ 文化砖铺贴的儿童房床头墙面传递出粗犷的田园气息

◇ 红色砖墙与仿古砖地面形成了质感呼应，营造出乡村氛围

○ 壁炉

壁炉是美式风格家居空间不可或缺的一个装饰元素，并且已经成为美国家庭的象征和家庭的活动中心。由于早期的美国移民大多数来自于英国，因此当时壁炉的设计与款式与英式风格的壁炉十分接近。到了十九世纪中叶，工业革命对于美国人的日常生活方式产生了巨大的影响，壁炉的应用也开始产生变化，如减小了壁炉的尺寸，壁炉开始变得窄而浅。与此同时，由于铸铁炉灶已经开始更有效地解决烹饪和取暖问题，因此壁炉逐步地失去了烹饪和取暖等原始的功能作用，并逐渐地演化成了美式风格家居空间的重要装饰元素。

合理巧妙地搭配一些小摆件可以给壁炉增色不少。壁炉周围的大型装饰要尽量地简单，比如油画、镜子等要精而少。而壁炉上放置的花瓶、蜡烛以及小的相框等小物件则可适当地多而繁杂。此外，壁炉旁边也可适当加些落地摆件，如果盘、花瓶，不生火时放置木柴等都能营造温暖的氛围。

◇ 在壁炉顶部或周围空间陈设软装饰品，营造舒适、自然、随意的生活气息

◇ 黑色大理石打造的壁炉，有一种黑色的冷峻感，但是这样的颜色能更加凸显壁炉的炉火所带来的温暖

◇ 白色壁炉文艺范十足，倒梯形的顶部可以用来做陈列

◇ 壁炉与储物柜一体化设计，体现主题的同时增加功能性

◇ 文化石与原木结合的壁炉显得原始粗犷，强调了向往自然的内心渴求

◇ 在很多现代美式风格空间中，壁炉已经被简化成墙面装饰造型

○ 天然石材

天然石材色泽自然，品种多样，具有古朴典雅、清新而又高贵的装饰效果，由于天然石材源于自然，每一块石材的花纹、色泽特征往往都会有差异，因此必须通过拼花使花纹、色泽逐步延伸、过渡，从而做到石材整体的颜色、花纹呈现出和谐自然的装饰效果。美式风格给人的印象总是浓重的色调、华贵的家具，以及对于历史感的执着。其实，美式风格也常选用天然石材等自然材质，体现着对自然家居及生活方式的追崇，让整个家居环境在保留经典元素的同时，显得更加温馨、舒适。

◇ 大面积粗犷铺贴石材的墙面很好地诠释了空间的复古格调

◇ 在美式乡村风格中，天然石材与铁艺的搭配是天作之合

◇ 米黄色石材的肌理墙面搭配米色布艺家具，给空间营造出一种质朴休闲的感觉

○ 护墙板

护墙板是美式风格家居空间最为常用的墙面装饰材质。美式风格空间所运用的护墙板一般以深棕色为主，展现出了自然怀旧的空间特征。美式风格的墙面在运用了护墙板之后，一般不需再做其他特别的装饰，加以点缀几个挂饰或壁灯，便可以让美式风格的墙面空间呈现出夺目的装饰色彩。简单的墙面点缀，不仅可以让整体空间的装饰效果更加美观，而且还能让家居空间的画面感看起来更为平衡。

美式风格的护墙板一般以传统深色的原木制作。原木材质不仅软硬适中，而且触感温和，能够为美式风格的家居空间营造出温馨的生活氛围。此外，原木护墙板造型多样，能够使墙面更具立体感与装饰感，而且木质护墙板还有着天然环保、美观大气等优点，因此是美式风格墙面装饰的完美选择。

除了木质护墙板外，乙烯基仿木护墙板在美式风格中也十分常见。乙烯基仿木护墙板不仅具有木质护墙板的装饰性能，而且比木质护墙板更为抗划抗撞。此外，还具有耐久不腐烂、防水防潮、免漆免维护等优点。因此可适用于地下室、卫生间等潮湿的环境，即使长期泡水也不会腐烂、霉变。

◇ 高级灰护墙板与室内其他装饰形成丰富的层次变化，同时还蕴含了现代空间的活力

◇ 显纹刷白的木质护墙板搭配浅蓝色乳胶漆墙面，形成淡雅清新的格调

◇ 胡桃木色护墙板搭配米黄色墙纸，构成了庄重大气的整体空间氛围

◇ 半高的白色护墙板不仅丰富了墙面层次感，而且具有保护下半部墙面的实用性

◇ 床头墙上的护墙板大胆凸显木材的原始纹理，给室内 带来鲜明个性

◇ 一整面白色护墙板搭配绿色装饰木梁，透露出浓郁的清新气息

03

地面装饰材料

○ 实木地板

实木地板具有天然环保、质感丰富、木纹自然等优点，其呈现出的优美原木纹理和色彩，给人以自然并富有亲和力的感觉。实木地板的原材料一般有枫木、红榉木、樱桃木、柚木、水曲柳等多种树材。实木地板质感天然、触感好的特性使其成为美式风格客厅、卧室、书房等地面铺设的首选材料，在不同的空间以实木材料的天然质感展现着美式家居的风采。

此外，实木地板的日常清洁一般使用拧干的棉拖把擦拭即可，如遇顽固污渍，应使用中性清洁溶剂擦拭后，再用拧干的棉拖把擦拭，切勿使用酸、碱性溶剂或汽油等有机溶剂进行擦洗，以免对实木地板造成腐蚀。

◇ 过道实木地板上富有艺术气息的纹理，彰显着美式风格的复古气质

◇ 实木地板强调自然，又给人满满的温暖感

◇ 取材于自然的实木地板搭配咖色家具给人古典雅致的视觉感受

○ 仿古砖拼花

仿古砖拼花是指印有花纹图案的仿古砖，一般用于家居地面、墙面等区域的装饰。仿古砖拼花能为空间带来浪漫、典雅、精致的装饰效果，从而提升了家居空间的观赏性与艺术性。充满温馨典雅气息的美式风格空间，有着自然、复古、高雅的气质，利用仿古砖拼花作为其地面的装饰，能让整体空间的典雅气息更为浓郁，同时也增添了美式风格家居的古朴韵味，在装点出美式风格细腻柔和一面的同时，还呈现出了大气高贵的感觉。

◇ 客厅地面采用仿古砖斜铺和平铺两种方式，采用仿古花砖作为波打线进行界定

◇ 色彩厚重、纹理粗犷的仿古砖仿佛带有岁月的痕迹，强化了美式风格的主题

◇ 灰白色仿古砖中间夹杂着黑色小花砖，通过对比形成色彩上的跳跃

◇ 大小与颜色深浅不同的仿古砖拼贴成一幅富有立体感的画面

第四章

美式风格

室内空间软装细节

01

家具式样

美式家具在展现出怀旧情怀的同时又有着极强的个性，表达了美国人向往自由，热衷于创新的精神。此外，美式在设计风格上极具包容性，并且追求实用、舒适、贴近大自然，所以非常具有亲切感。传统的美式家具为了顺应美国居家空间大与讲究舒适的特点，给人的感觉大多都很粗犷。皮质沙发、四柱床等都是经常用到的美式家具，虽然尺寸比较大，但实用性都非常强。

此外，虽然美国人不热衷于几代同堂居住在一起，但每逢感恩节，圣诞节等重大节日，往往都会和亲友及家人在一起度过，因此在规划家具时，会考虑尺寸和数量是否能够满足使用需求，并且讲究家具的舒适实用和大方美观，不过分强调繁复的细节，有着返璞归真的境界。

简约也是现代美式风格中非常流行的元素，其家具在设计上也没有将这一点抛弃。极简的设计不但保留了它该有的功能，而且极富个性，诠释了美式风格简单随性的特点。因此如果家居面积不够宽裕，可以选择经过改良、以简约为特点的现代美式家具，以符合实际的使用需求，达到协调空间、增加居住舒适性的效果。现代美式家具油漆以单一色为主，家具的制作材料以木质居多，并且偏爱树木在生长期中产生的特殊纹理，强调木质自身的纹理美，因此不适合大面积使用雕刻，一般在家具上的边脚、腿部等处做小幅度雕饰作为点缀即可。

在美式古典风格空间中，往往会使用大量深颜色的实木家具，风格偏向古典欧式，但和欧式家具在一些细节上的处理上却有着明显的差异，强调简洁、明晰的线条和优雅、得体有度的装饰并且实用性更强。在色彩运用以及工艺处理上，尽显沧桑的同时也保有稳重大气，以深颜色凸显出优雅的气质，同时还可以适当地使用雕刻做旧的工艺手法，突显出美式古典风格复古唯美的感觉。

◇ 美式古典家具

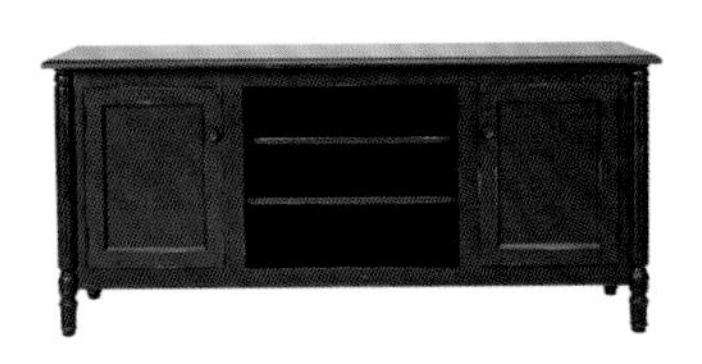

◇ 美式乡村家具

◇ 现代美式家具

◇ 铁木结合的家具散发出浓浓的美式乡村气息

◇ 铆钉是美式家具的标志性装饰，粗犷而不失细节

◇ 宽大舒适的大尺寸沙发是美式风格客厅的标配

◇ 现代美式风格空间通常选择线条相对简洁的棉麻布艺沙发

◇ 经典的四柱床以气派奢华著称，高耸的立柱象征着贵族阶层的威严庄重

◇ 美式风格家具通常采用手工做旧的工艺显示出岁月的痕迹

◇ 美式家具最大特征是仿佛经过时光的沉淀，给人一种历史的厚重感

02 灯饰照明

美式风格对于灯饰的搭配没有过多的局限，但在灯饰的造型以及配饰上应以简洁大方为主。灯具材料一般选择比较考究的陶瓷、铁艺、铜、水晶等，常用古铜色、黑色铸铁和铜质为构架。美式灯饰虽然注重古典情怀，但在造型上相对简约，并且外观简洁大方，更注重休闲和舒适，呈现出低调的贵族气质。

铜灯是美式风格中最常运用到的灯饰，其制作材料包含紫铜和黄铜两种材质，具有质感强、典雅美观等特点。此外，由于美式风格化繁为简的制作工艺，使得美式铜灯看起来更具有时代特征。除了铜灯外，铁艺灯在美式风格中的运用也十分普遍。美式铁艺灯的主体一般由铁和树脂两个部分组成，铁制的骨架能使它的稳定性更好，而树脂的运用能使铁艺灯的造型更加丰富多样，同时还能起到耐腐蚀、不导电的作用。铁艺灯的灯罩大部分都是手工描绘的，以暖色调为主，温馨柔和的光线，更能衬托出美式风格的典雅与浪漫。吊扇灯是美式的经典要素之一，它既有实用性的照明作用，也有非常独特的外观设计。其中造型复古的木叶吊扇灯最合适美式风格空间，除了装饰效果突出之外，而且从材质角度上比金属、塑料等更环保。

◇ 质朴自然的铁艺灯

◇ 功能实用的风扇灯

◇ 典雅美观的铜灯

03

布艺织物

布艺是美式风格中非常重要的一种装饰元素，布艺的天然感和美式风格空间能形成很好的协调。同类色系搭配是美式家居布艺的主要配色方式，浅咖色是运用得最多的，比如通常以同类色不透明的浅咖色布艺搭配深色的家具，为家居空间带来大方而典雅的感觉。此外还可以在布艺上搭配各种建筑、花鸟图案，让美式风格的空间视觉显得更为丰富。

窗帘对于美式风格的空间来说占据着很大的装饰比重。美式风格的窗帘布艺在选材上十分广泛，印花布、手工纺织的麻织物，都是很好的选择。在窗帘的图案纹饰上可以选择雄鹰、小碎花等。此外，大气的纯色系窗帘也很适合简单随性的美式风格，简单的色彩能营造出自然、温馨的家居气息。

温馨舒适的床品无疑能为美式风格的家居设计带来锦上添花的效果。美式风格的床品在颜色上一般选用褐色或者深色等带有稳重气息的色彩，在材质的选择上会使用绒布，通常也会用真丝做点缀，同时在软装用色上非常统一。美式床品的花纹多以蔓藤类的枝叶为原形设计，线条的立体感非常强，给人一种欣欣向荣的自然氛围空间，展示着它的时尚自信以及自然优雅的气质。

此外，对于美式风格来说，地毯的使用是不可或缺的，甚至可以说是美式风格中的一大特色。在美式风格中可选用一些颜色稍微厚重、简单纯色的地毯，这样可以让空间显得大方随性而且稳重典雅。地毯在材质方面可以考虑采用混纺或化纤类等材料。

◇ 美式风格窗帘

◇ 美式风格床品

◇ 美式风格地毯

04 软装花艺

清羽设计

美式风格的家居空间有着随性和创新的特点。受其影响，在搭配花饰时往往会去除多余的烦琐设计，显得既简洁明快，又不乏温暖舒适。对自然的情有独钟，是美式风格花艺设计最具魅力的特点。在花材上可选择绿萝、散尾葵等无花、清雅的常绿植物，不仅色彩明快而且极富生机，既装点了居室环境，又起到了够净化空气的作用。在花器的选择上，可以搭配小型的陶瓷、玻璃器皿与肆意生长的花草形成默契而又巧妙的组合。

随着西方插花艺术的发展，美式风格的花艺设计在形式上既保留了传统的形式，又融入了更多的现代花艺的新元素，甚至出现了具有强烈时代气息的自由式、组合式、抽象式的家居花艺搭配，因此呈现出五彩缤纷、百花齐放的局面。此外，在花材的选择上也更加广泛，常选用一些非植物的材料，如尼龙丝、金属网铝、铜、铁、塑料等，和鲜花搭配在一起构成新颖独特的花艺品，更富于表现力与装饰性。

上海映象设计 易和设计 清羽设计 表羽设计

◇ 冰裂釉和釉下彩工艺的陶瓷花器是美式风格空间常用的软装元素之一

◇ 在客厅布置圣诞树的装饰，让家中充满浓浓的节日气氛

◇ 花艺的出现柔和了整个粗犷的画面，使得氛围变得更为轻松自然

◇ 美式风格客厅通常以中性色为主调，色彩纯度较高的花艺往往作为点睛之笔出现

05 软装饰品

饰品的搭配是提升美式风格空间气质与韵律的点睛之笔。在美式风格的空间中常常会运用到一些饱含历史感的装饰元素，呈现着对历史的缅怀情愫。因此可以选用一些仿古的艺术品摆件，如地球仪、旧书籍、做旧雕花实木盒、陶瓷器皿或树脂雕像等。自由随意而又怀旧复古正是美国精神的灵魂所在。

美式风格的家居装饰文化融合了印第安及欧洲各民族的文化，经常会装饰一些突显个性或对渴望自由的图腾，比如大象、大马哈鱼、狮子、老鹰、莨菪叶等。从这些富有特色的纹饰中可以看出美国的历史缩影，并且有着朴实而不失大气的装饰效果，此外也不乏美国西部牛仔狂热的风气融入于其中。

墙面是美式风格装饰的重点，常常会选择一些挂件用以丰富墙面的装饰。在美式风格的墙面上，挂件可以天马行空地自由搭配，不必过于追求规律的设计，有着随性而又不轻浮的感觉。铁质工艺品、镜子、老照片、手工艺品等都可以挂在一面墙上。此外，挂钟是美式风格中最常用到的墙面装饰，以做旧工艺的铁艺挂钟和复古原木挂钟为主。
装饰挂画、壁画以及照片墙是美式风格的家居空间必不可少的墙面装饰搭配。美式风格的家居装饰画一般以复古风的油画为主，通常会选用暗色，画面往往会铺满整个画框。花草、景物、几何等图案都是常见主题。画框通常为棕色或黑白色实木框，造型简单朴实。美式的家居空间通常都比较大，因此如能在适宜的墙面上设计一幅富有美式情怀的壁画，无疑能为家居空间带来更为亮眼的装饰效果。

◇ 餐边柜上花卉图案的陶瓷果盘和茶具

◇ 餐厅照片墙

◇ 客厅照片墙

◇ 实木边框的小鸟图案装饰画

◇ 美式风格空间偏爱带有怀旧倾向以及富有历史感的饰品

◇ 美式风格空间偏爱带有怀旧倾向以及富有历史感的饰品

◇ 卧室照片墙

◇ 过道照片墙

◇ 客厅壁炉上方的树脂麋鹿头挂件

◇ 卧室床头两侧的装饰挂盘

第五章

美式风格

室内空间实战设计

01 客厅

○ 美式风格客厅设计的重要元素——壁炉

壁炉是美式风格客厅的主打元素。早期的美式壁炉设计得非常大气，复杂的雕刻突显着美式风格的特色。发展到今天的美式风格壁炉设计变得简单美观，简化了线条和雕刻，以新的面貌呈现于家中。

美式风格客厅的壁炉可用红砖砌成，也可以刷上白漆，这取决于客厅的主体色调，如果家里走的是古典路线，那么红砖传统壁炉就是首选；如果是轻快明朗的美式乡村风格，则白色的壁炉就更加合衬。

此外，选择安装文化石堆砌的真火壁炉，更能表现出美式乡村风格的家居特征，既起到了装饰作用，同时也增加了家居空间的温馨氛围。此外，并不是所有的客厅空间都有可以使用真火壁炉的条件，如果条件不允许，也可以考虑采用使用有火焰图样的电热壁炉，不仅装饰性很强，同时也具有一定的实用功能。

◇ 文化石堆砌的真火壁炉带有粗犷自然的乡村气息

◇ 简洁造型的白色壁炉结合高彩度的墙面，给人轻松明快的感觉

◇ 在现代美式风格中，壁炉更多是以装饰造型的形式出现

◇ 加入深色木作的壁炉给人一种古典的优雅美感

一野设计

软装陈设剖析

米色与深棕色的墙地关系，体现出了美式风格的稳重与温馨。深棕色皮革与实木家具的出现，更将这份沉稳体现得更为立体。暖灰色主体色以主家具的形式呈现，带来了一份沉着与柔软。空间里最为出挑的是柏灰色毛毯的点缀，为空间注入了一份阳刚之美。

美式风格客厅吊顶设计重点

美式风格家居喜欢使用一般至少两个层次的吊顶，并在阴角处使用素面石膏线走边，加重层次效果，这样可以拉高空间的纵深感，使空间显得宽大舒适。如果遇到有大梁，通常借鉴地中海风格设计中的一些处理手法，把低矮的大梁做成圆拱或者椭圆拱的形式。这样的处理手法避免了为了遮掩大梁来使用过低的吊顶而造成的压抑感。

软装陈设剖析

淡淡的秋色，温暖怡人。米黄色的背景墙，搭配淡雅的浅灰色三人沙发，色彩表达效果突出。米黄色的宽体单人沙发与背景色呼应统一，温馨且舒适。空间里的木质家具，以原木自然色调为基础，温润而富有质感。高大的绿植在角落弥漫着生机，并且成了空间里的视觉的焦点，整个空间散发着自然、舒适的质朴气息。

软装陈设剖析

久居都市的人们总是喜欢运用自然的色彩诠释悠闲、舒畅的生活情趣。刷上果绿色的墙面，带来了扑面而来的健康气息。藤制家具和亚麻地毯呼应了空间主题，主体家具的面料色彩与墙面线条的颜色同为米白色，提亮了空间。沙发面料上的浅叶色，以及装饰抱枕的天蓝色面料，为空间带来了舒适惬意的氛围。

文化石装饰美式客厅墙面的施工重点

选择文化石装饰墙面，可以让家居空间透露出一种文化和自然的气息。施工前预先摆一下图形，确认施工铺贴后的效果，先调整整体的均衡性和美观性。例如小块的石头要放在大块的石头旁边，凹凸面状石头旁边要放面状较为平缓的，厚的产品旁边要放薄的，颜色搭配要均衡等。铺贴时要使用黏合剂来粘贴，这样会比较牢固，不易脱落，贴好后也可以在砖上面刷白色的乳胶漆，让其更具格调。

软装陈设剖析

螺旋形旋木米色沙发是空间里的主体家具。客厅中间的折叠茶几，成了美式家具另一代表，简单粗糙的木板拼接、旋切的腿部造型、美观而且不占空间。粗犷的石材铁艺护栏壁炉、铁艺烛台吊灯，与美式空间形成了完美的结合。红色的花艺与装饰画的一抹红提亮了整个空间，成了客厅中的点睛之笔。

○ 美式风格空间中的收纳设计方案

在美式风格的家居中，可以针对客厅的空间结构特点定制一个落地式的收柜，从而将墙面空间得到了最大化地利用，并且既省时又省力。为了增加收纳柜的收纳效果，首先要安排好收纳柜中不同格子的尺寸大小。其次，整体的柜面设计要有藏有显，错落不单调。还可以在柜门上做一些特殊的标记，既方便取用又体现创意无限。

收纳柜在兼顾客厅家具色调的同时，最好搭配浅色的板材，这样可以减少整个大柜面带来的压抑感。如果客厅空间不够宽裕，可以考虑在墙面上安装一些木制层板摆设书籍以及小摆件，在带来实用性的同时，还可以成为整个空间的设计亮点。

此外，还可以为美式风格的客厅空间搭配一个可以移动的收纳架，移动式收纳架除了可固定在某个角落放一些杂物之外，还可以在需要时灵活地移动，最大限度地减少了空间的占用，让收纳更为高效。

◇ 利用层板摆放一些特色软装饰品，可以丰富空间的层次感

◇ 在沙发背后摆放一个美式古典风格的可移动式收纳架，同时兼具书柜的功能

◇ 利用建筑结构设计嵌入墙面的收纳柜，增加储物功能时也不影响空间面积

◇ 在壁炉周围定制储物柜，并且把电视也收纳其中

软装陈设剖析

原木的木梁是本案空间的点睛之笔。布艺沙发、窗帘都以墙面色为主，加以同色系的花卉图案点缀其中。家具是桃心木色彩，通过腿部的造型来体现主人对生活细节品质的追求。红色的皮革沙发、花艺是空间中仅有的亮色，平衡且柔化了美式风格的气韵。

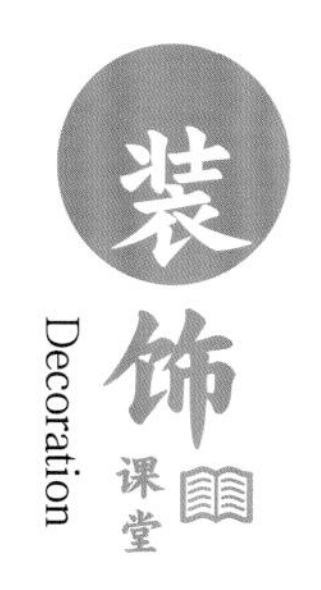

美式风格客厅家具特点

美式风格在沙发造型上，多采用包围式结构，注重使用的舒适感，不管是圆形的扶手还是拱形的靠背，都表达出一种慵懒且实用的气息。 在一些家具腿的处理上，借鉴了巴洛克和洛可可的风格，多采用兽腿形式或者弯曲造型等。美式风格中的床头、柜子顶部、沙发上沿喜欢使用一些简化的卷草纹造型，制造出一种温馨的家居氛围。

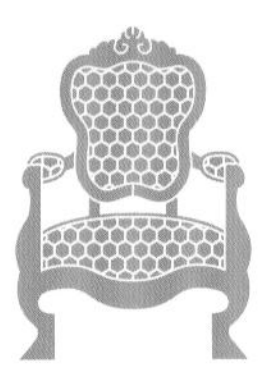

软装陈设剖析

粗木结构的装饰木梁以及毛石墙面，都呈现着美式风格自然、粗犷的特征。整个空间中没有精细的人工雕琢，自然且朴素。设计师在茶几的上方安排了一盏仿烛台造型的黑色铁艺复古吊灯，以其怀旧的质感，与空间的整体格调完美地结合在了一起。

曾晟设计
一米家居
一米家居
一米家居
东尚成设计

软装陈设剖析

复古的美式空间木屋体现出了劳动文明的特色，在这里有原始的壁炉和劳作的工具。本案的空间特征和美式帝政风格形成了鲜明的对比。在这里镰刀和鹿角用来充当壁挂的装饰品，极具田园风情。老旧的暖气片和藤编的柴火筐，则为空间带来了不做修饰的自然美感。书架上堆满了主人的书籍和收藏品，体现出了主人的爱好和品位。

清羽设计

客厅墙面搁板的设计重点

在美式客厅墙面安装搁板可以给空间增加更多的生活气息，还能增加层次感和收纳功能。客厅中的很多墙面可以设计层板，展示一些旅游的纪念品，或者屋主的一些收藏。如果是成品搁板，在装修时一定要提前考虑好所需要的款型和尺寸，留下足够的空间来安装搁板。如果是让木工制作搁板的话，因为很难再移动，所以一定要事先想好家具的摆放。同一面墙上的搁板不能太多，搁板上放置的物品也要注意别太杂乱。

软装陈设剖析

美式风格非常注重生活品质的提升，虽然根植于欧式文化的贵气，但却并不追求更多的奢华与装饰。实用与舒适是美式风格家具永远的设计方向。真皮的质感不仅是野性自然，更能让美式风格的家居多了一分品位。靠包选用棉麻，非常亲切自然，与柔软的填充内芯共同构成了靠包的主体，浅灰色和蓝色的条纹印花，与橙色真皮搭配，张弛有度，质感丰富。

经纬方圆设计

唐上院装饰

品川设计

软装陈设剖析

绿色为空间带来了温馨祥和的舒适感。窗外自然的美景清新怡人，巨大的落地窗把这美景无限拉到了室内，作为室外色彩的延续。布艺设计也采用了自然的颜色，沙发上的绿色靠包是本案空间的视觉焦点，并把生机洒满了整个空间。

装饰课堂 Decoration

美式风格客厅的软装陈设方案

软装在美式乡村风格中非常重要，有时需要投入的精心程度超过其他任何一项。所以在美式乡村风格里面，虽然是几个看似随意的靠枕，茶几上几件简单的摆件，墙上几幅大小不一的画框，无不是经过精心搭配而成。此外，茶几上、柜子上、沙发旁等都是可以摆放绿植或鲜花的地方，这些植物并不需要经过精心的摆放，往往粗粗的一束放在花瓶里就可以，这正是美式乡村风格的自然朴实之美。

软装陈设剖析

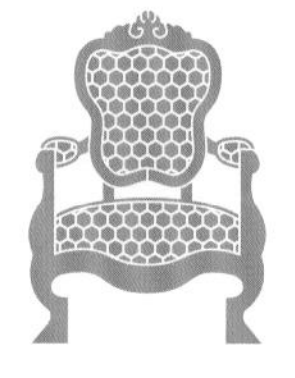

美式家具通常有着巨大的体量与完美的舒适度，带来了非常好的使用体验。本案的设计采用了非常柔和舒缓的灰色作为主调，并采用不同色阶的蓝色作为搭配，显得更有活力。再点缀明亮的黄色，体现出了非常醒目的视觉效果。

○ 美式风格空间的照片墙设计技巧

照片墙在家居软装设计中越来越受到人们的喜爱，一个符合整体装修风格的 DIY 照片墙，可以为美式风格的空间设计起到画龙点睛的效果。设计照片墙之前要先量好墙面的尺寸大小，再确定用哪些尺寸的相框进行组合，一般情况下，照片墙的大小最多只能占据三分之二的墙面空间，否则会给人造成压抑的感觉。

客厅是平时待客的地方，将自己喜欢的照片在这里进行展示，不但可以为空间增添温馨气息，还可以用图像的方式把唯美的故事讲述出来。沙发背后的墙面比较开阔，如果想做成密集感的照片墙首选此块区域，可轻松成为客厅视觉焦点。此外还可以选择两面墙的转角处，起到相互呼应的效果。

相框是提升照片墙品质的重要元素，相框主要由木质、铁艺、树脂等材质制作。其中木质相框简单大方，非常百搭，而且材质环保。不过应尽量选择纯实木质地的相框，因为非实木的木质相框容易碎，而且质感差，观感也不好。在美式乡村风格空间中，常常会利用做旧的木质相框，展现空间复古自然的格调。而且也可以采用挂件工艺品与相框混搭组合布置的手法，让墙面空间的装饰元素更为丰富。

◇ 美式风格空间中，经常采用挂件工艺品与相框混搭组合布置的手法

◇ 尺寸差异较大的相框可选择上下轴对称布置，但不要形成镜面反射般的精确对称，这样会显得过于死板

◇ 方形与圆形的相框组合富有趣味性，黑白色调中间加入高明度的亮色点缀，更能吸引人的视线

◇ 利用相框、挂镜与金属壁饰的组合，打造一个富有轻奢美感的美式风格客厅

软装陈设剖析

开放的会客空间打破了建筑阻断的壁垒与束缚，令会谈气氛更为融洽。为了迎合空间主题，亲近自然的棉麻面料成为了最好的选择，友好的米色结合自然的蓝色和绿色共筑一画。茶几是由两只脚踏拼合而成，折线的图案与窗帘的拼布设计不谋而合，彼此形成了呼应。

曾晟设计

壹阁设计

清羽设计

壹阁设计

布鲁盟设计

软装陈设剖析

开放的空间布局打破了建筑框架带来的界定感觉，让空间自由通透。绒布面料的使用，营造出了一个奢华时尚的空间氛围。作为搭配的蓝色与米灰色组合，在柔和精致中体现出一股清爽惬意，置身其中，让人忘却了一切忧烦。

饱含怀旧情愫的美式风格挂钟

美式风格挂钟一般以原木制作，并呈现着复古做旧的感觉。挂钟在颜色上选择较多，一般以自然厚重的色彩居多。钟面常以复古风格的画纸作为装饰。挂钟边框采用手工打磨做旧，规格多样，直径 30 ~ 50cm 不等，在造型上也趋于多样化，主要以表达美式风格家居装饰的怀旧情结为主。

软装陈设剖析

本案空间散发着浓郁的美式乡村气息，整体格调清新而淡雅，搭配珠线组成的灯具，从颜色和造型上呼应了空间当中的布艺家具。原木和墙面绿色毛石砖的运用，更是加深了美式乡村风格的空间特征。茶几和圆几用以中色搭配，则增加了空间色彩的稳定感。

张慧设计

易和设计

软装陈设剖析

从客厅的布局到色彩纹样的搭配，再到材质的选择都体现着美式风格自由的生活态度。家具与装饰画都放弃了对称与均衡的布局方式，显得自由而随性。宽厚的软体沙发以舒适为主，布艺的搭配由纯色、格纹、大马士革纹组成，变化丰富的同时，又通过珊瑚色和芥末绿这一色彩组合进行统一贯穿，整体显得非常协调。此外搭配原木、棉布以及簇绒地毯等亲和力极强的材质，让整个空间饱含温馨舒适的气氛。

李益中设计

硅藻泥装饰美式客厅墙面的施工重点

硅藻泥是一种会呼吸的装饰材料，它不仅能吸附空气中的有害气体，而且可以调节空气中的湿度。此外硅藻泥不仅有很多颜色可供选择，而且能做出乳胶漆、壁纸所不能达到的自然肌理，因此适用于各种风格、各种空间的墙面、顶面。质量较好的硅藻泥色彩柔和、手感光滑、不易脱落。在施工时首先要把硅藻泥干粉加水进行搅拌，再先后两次对墙面进行涂抹，之后还需要肌理图案制作，最后进行收光，以保证图案纹路的质感。

软装陈设剖析

白色墙体造型与地面共同组成了清新亮丽的背景，米黄色涂料与地毯的组合配上黑色家具，在主体色上打造出强烈的对比关系，点缀色通过金色与嫩草绿的黄金组合，形成全方位的呼应关联，在空间里形成了叙事性的搭配特色。

清羽设计

唐上院装饰

一米家居

k-one 设计

一米家居

康盛设计

布鲁盟设计

02 过道

◇ 美式新古典风格中的玄关柜线条相对更为简洁，更多地以金属质感表现轻奢美感

○ 美式风格过道的玄关柜陈设方案

自由随性和实用舒适是美式风格的家居特点。颜色丰富、造型别致的玄关柜是体现自由、随意的不二选择，桌面上可放置书籍、花器、摆件等作为装饰，使空间更舒适温馨。美式玄关柜不必精致，甚至些许瑕疵都是允许的，如做旧的柜体表面，斑驳的漆面等，恰恰体现了美式的粗犷和淳朴。

美式风格家居还常将玄关柜放置在过道的尽头，以丰富空间的层次感，再搭配挂画、摆件、画框等装饰，可以营造出曲径通幽的意境。为避免空间显得局促拥挤，过道玄关柜上摆放的装饰摆件不必过多，但样式要精致，并且要与美式风格的空间特点相呼应。

◇ 做旧工艺的深木色美式古典玄关柜上，采三角形构图的手法陈列软装饰品

◇ 壁柜形式的玄关柜给人以轻盈的视觉感受，并且兼具收纳与展示功能

◇ 玄关柜居中摆设，再以对称形式的软装陈列手法，以达到视觉上的协调美感

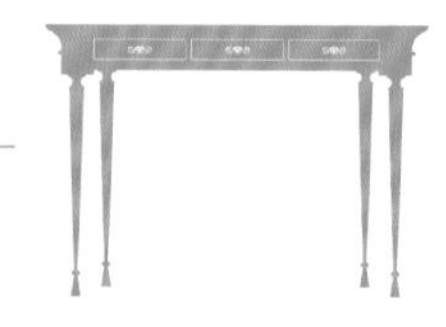

软装陈设剖析

带有手绘图案的圆木边柜，给空间注入了一丝复古气息。纤细的手绘花卉图案栩栩如生，给空间增加了自然的感受。墙壁一幅复古画框装裱下的淡彩花鸟画，使空间增加了生机与活力。柜体上蓝色的花器同黑色的蛙人雕塑形成了有趣的画面。复古质感的相框装裱的植物图案给空间增加了富有自然气息的细节，呈现出一幅鸟语花香、人在花下的美好景色。

缪建设计

软装陈设剖析

米黄色的肌理墙面给空间营造出一种质朴休闲的感觉。铁艺壁灯给空间灯光带来了休闲的氛围。一大颗绿色的凤尾竹让空间显得清新自然，壁炉装饰中的原木柴，则使空间的场景更加具象化。黑色的狗狗装饰雕塑，让空间更加灵动并充满了趣味性。壁炉上的鹿头装饰挂件营造出了美式乡村的格调氛围。此外，庞贝氏的单椅家具让空间里的元素显得更为丰富。

清羽设计

蒋礼设计

清羽设计
清羽设计
曾晟设计

◇ 利用楼梯下方的空间布置一个小型休闲区，充分提高空间利用率

○ 美式风格楼梯下方空间设计方案

如果是 loft 和复式的美式风格家居，就少不了楼梯的设置。楼梯下方与地面形成的三角形或者矩形空间，可以设计为储藏或者景观等多种功能性区域。在提高空间利用率的同时，结合楼梯本身的结构和材质，也能起到美化视觉感官的效果。

在多数的家庭里，通常都将楼梯下方的空间作为储藏物品之用。例如，可以加装一扇门，里面摆上几个储物箱，分门别类地对物品进行收纳。凡是空瓶、易拉罐以及孩子们所丢弃的玩具，或是那些等着回收的报刊废纸，都可以放置在这个小空间里。此外，也可以考虑摆放植物，发挥装饰空间的作用。又或者摆放一些小家具，把此处布置成一个小型的休闲区也是不错的选择。需要注意的是，无论作为收纳空间还是作为景观，都要与周围的空间风格相搭配，以免在视觉上造成突兀的感觉。

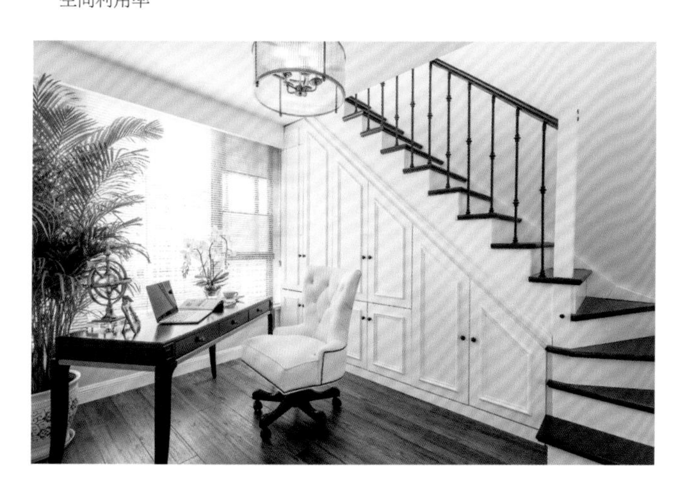

◇ 把楼梯底部的空间设计成储物间，让家中的杂物有了容身之处

◇ 楼梯下部的角落空间按建筑结构设计成一大一小两个圆拱造型，实用的同时富有装饰感

◇ 在楼梯下方摆设一些观赏绿植，起到美化空间的装饰作用

OFFICE SPACES

美式风格过道上的壁龛设计重点

过道背景墙上设计壁龛造型的形式，适用于美式乡村风格。壁龛不会占用建筑面积，使墙面具有很好的形态表现，同时又具有一定的展示功能。摆上一些饰品摆件，再结合灯光照明可以使壁龛造型更加突出，从而达到视觉聚焦的目的。但壁龛的设计特别要注意墙身结构的安全问题，而且一般不能使用墙纸进行铺贴，应尽量选用乳胶漆或者硅藻泥材质饰面。

软装陈设剖析

挑高的楼梯间区域，采用了双层的塔状吊灯，作为空间的主要照明。同时在一楼过道的两侧采用三头壁灯，起到了呼应和增加细节的效果。两种灯具的材质上，一致采用了铁艺类的金属材质，达到了整体风格的统一。

上海映象设计

曾晟设计

一米家居

刘[illegible]设计

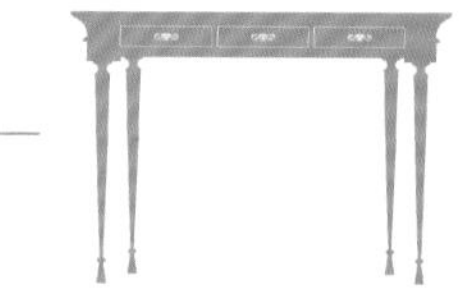

软装陈设剖析

原木质感的建筑轮廓，以及实木地板给空间带来了自然与朴素的感觉。米黄色的壁纸以及窗帘，给空间奠定了温馨柔和的基本格调。灰色的沙发同文化石壁炉的色彩相近，给人以连贯稳重的视觉感受。橘色的坐墩以及沙发抱枕，包括郁金香花艺品，都给空间色彩增加了一抹鲜艳。黑色边框的铁艺台灯诠释了空间的复古质感。铁艺的小鸟摆件活灵活现，给空间带来了有趣的活力。

锐艺设计

云啊设计

上海映象设计

云阙设计

微塔空间

曾晟设计

壹阁设计

美式风格过道端景设计方案

过道的尽头多以设置端景作为这个空间的结束，也作为进入下一个空间的提示，起到了承前启后的作用。端景墙适当装饰后用来改变过道的氛围，掩盖原有空间的不足。最简便易行的方法就是将过道尽头的墙面刷成与其他空间一样，悬挂一幅大小适宜的装饰画，前方摆设装饰几或装饰柜，上方摆设花瓶或工艺品。除了装饰品，风景手绘或墙纸也是不错的选择，不仅不占用空间，而且别有一番风情。

03

餐厅

◇ 铜灯

○ 美式风格空间的灯饰搭配方案

灯饰是最能营造美式风格空间氛围的软装元素之一，因此，合理地搭配灯饰能在很大程度上提升美式风格的家居品质。铜灯是最为典型的美式灯饰，其材质是以铜为主要材料。一盏优质的铜灯能为家居带来极具品质的空间氛围。美式铜灯主要以枝形灯、单锅灯等简洁明快的造型为主，质感上注重怀旧，灯饰的整体色彩、形状和细节装饰，无不体现出历史的沧桑感。因此，一盏手工做旧的油漆铜灯，是美式风格的完美载体。除了筒灯以外，采用做旧工艺制作的铁艺灯也能为美式风格带来一种经过岁月洗刷的沧桑感，与同样没有经过雕琢的原木家具及粗糙的手工摆件是最好的搭配。

吊扇灯是美式风格家居设计的经典要素之一，它既有实用性的照明作用，也有非常独特的外观设计。其中造型复古的木叶吊扇灯最合适美式风格空间，除了装饰效果突出之外，从材质角度上比金属、塑料等也更环保。由于木叶吊扇灯具有自然的气息，不管用在客厅或餐厅，都能让人感到放松、舒畅，给人温馨和宁静感。

此外还可以选择使用木质灯，能为美式家居带来舒适的自然氛围。从材质角度上来说，木质灯比金属灯、塑料灯等更环保。由于木质具有温润自然的材质特点，因此很适合用在卧室、餐厅等空间。

◇ 铁艺灯

◇ 木质灯

◇ 吊扇灯

吴筱濛设计

软装陈设剖析

美式风格设计追求的不是风格元素的堆砌，实现格调诉求才是其最终的目的。本案以蓝色和绿色作为主调，搭配做旧的胡桃木色，对比醒目强烈，自然韵味十足，主餐椅的软包设计非常出彩，不但呼应了整体色调，又极好地调节了空间里生硬的气氛。墙面的中式条屏，以及经典的青花窗帘，瞬间完成了东西方文化的跨越，成为空间装饰的点睛之笔。

一米家居

美式风格中常用的温莎椅

温莎椅起源于英国，至今在美国也一直流行。这种椅子以实木座面为结构中心，椅腿直接在座面下方与座面连接，靠背由一组纺锤形杆件组成，也直接插入到座面。与其他椅子不同的是，温莎椅的后腿并不向上延伸成为靠背支撑，前腿也不向上延伸成为扶手支撑。温莎椅种类丰富，其中以梳背和弓背温莎椅最为经典。

一米家居

壹阁设计

软装陈设剖析

本案空间展现出了美式乡村风格自然纯朴的特征。餐桌上方简约精美的吊灯，以其灯罩上的铁件材质，呼应了美式乡村的空间特征。同时铁艺和玻璃的搭配，使其成了餐厅空间的视觉焦点。因厨房和餐厅是开放式的设计，因此两个区域的灯具采用了几近相同的搭配方式，让整个开放空间在视觉上显得协调统一。

一米家居
之境设计

其间设计

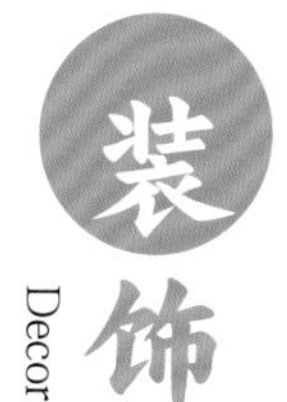

美式风格的餐桌摆饰方案

餐桌摆饰是软装布置中一个重要的环节，不仅便于实施、富有变化，而且是家居风格和品质生活的日常体现。美式风格的特点是自由舒适，没有过多的矫揉造作，讲究氛围的休闲和随意。因此，餐桌摆饰可以布置的内容丰富，种类繁多。烛台、风油灯、小绿植还有散落的小松果都可以作为餐桌摆饰的点缀。另外，在餐具的选择上也不必严格要求一定是成套的，可以随意搭配，让人感觉温馨而又放松。

杨明山设计

有点设计

软装陈设剖析

远离都市喧嚣的环境、工作中的烦恼以及生活带来的压力，田园生活是每个人近乎苛求的向往。本案通过小小的餐厅一角，力图营造一种世外桃源的生活氛围，整体色调均采集于自然。蓝绿色的墙面配合白色的墙板和配饰，显得干净整洁。纯木的天然质感，丝毫没有雕刻，显得轻松自在，犹如儿时的纯真。餐边柜采用和墙面一样的蓝绿色系，不同的是采用做旧的形式以呈现出年代的痕迹。黄色作为搭配的主体色，很好地衬托出了蓝绿色的自然与纯净，营造出了一个休闲的港湾。

◇ 油漆刷白处理的木质吊顶适合清新的小美式风格

◇ 美式古典风格中常用装饰木梁构成井字形造型的吊顶

○ 美式风格的木质吊顶设计重点

美式风格的家居空间经常会运用一些天然的木质材料，为家具生活增加自然休闲的感觉。比如会经常使用桃花木、樱桃木以及枫木等木料制造吊顶，打造出美式乡村风格的吊顶。还有部分美式风格的吊顶，喜欢使用纵横的线条来表达粗犷大气的一面，如巧妙利用横梁来做出纵横交错的吊顶，大部分以井字形造型为主，加上吊顶灯的搭配使用，让美式风格家居环境更显大气。

木质吊顶在设计和施工的时候不但要计算好尺寸、宽度，结构牢固性等要素外，同时还要考虑到材质打底，油漆收口等预处理细节，从而保证最终成品的安全性和完整性。但木质的吊顶一定要注意后期安装的问题，如果需要安装大型吊灯等物件，就要考虑到结构与承重，采用木工板和膨胀螺栓固定原始顶面。此外，木质吊顶或者木梁并不是全部都需要采用实木制作。比如可以先用木工板将基础做好，再用木纹饰面板饰面，然后表面做油漆；也可以采用木蜡油的着色剂先进行擦色，之后再用透明木蜡油进行涂刷。

◇ 质感粗犷的原木色吊顶是乡村风格空间的首选

◇ 平行的装饰木梁表达出美式乡村风格自然休闲的感觉

软装陈设剖析

本案客厅是按照美式乡村风格所打造而成。设计师特意选择了一款体态纤长，而又有着粗犷之美的传统吊灯，在空间里散发着古典的美感。墙壁一角的壁灯，在材质和色彩上和中央吊灯遥相呼应。整体空间的布艺以格子和碎花图案为主，和顶部的原始结构木梁形成了很好的呼应。

青羽设计
易和设计

如何选择美式风格的花器

花器的材质种类很多，常见的有陶瓷、金属、玻璃、木质等。在布置花艺时，要根据不同的场合、不同的设计目的和用途来选择合适的花器。美式风格花器常以陶瓷材质为主，工艺大多是冰裂釉和釉下彩，通过浮雕花纹，黑白建筑图案等，将美式复古气息刻画得更加深刻。此外，做旧的铁艺花器，则可以给家居环境增添艺术气息和怀旧情怀。

清羽设计

清羽设计

清羽设计

软装陈设剖析

绿色植物和质朴的老式家具是美式乡村风格中必不可少的元素。雅各宾式家具是早期美式风格中常见的款式，主要特色是旋木结构的造型。角落里的竹子随意摆放在那里，给人一种自然舒适的空间感受。斑马皮纹的镜框，搭配黄色复古的墙面给人一种原始奔放的粗犷质感。此外，台灯的质感和色彩与周边环境高度相似，匹配度极高。

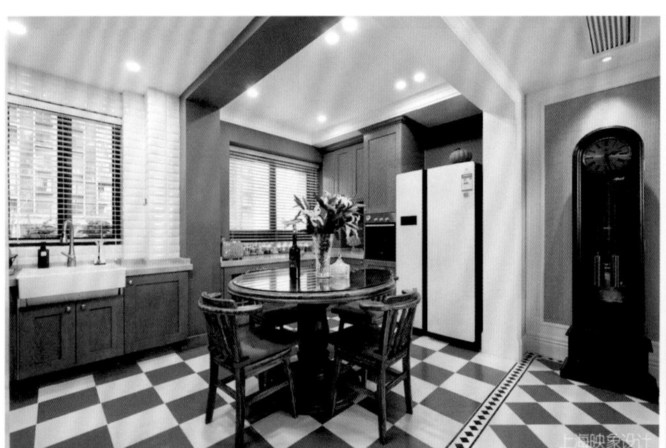

邹锡林设计

一米家居

上海映象设计

成都蒋礼设计

美式风格空间的挂盘装饰方案

美式风格因其自然、休闲的特点而受到很多人的喜爱。选择色彩复古、做工精致、表面采用做旧工艺的挂盘可以让美式家居更有格调。墙面上挂放一些符合空间主题的装饰挂盘，可恰到好处地表达出美式风格的特色。挂盘固定于墙面的方式是多种多样的，常见的有放置于铁质或者木质的盘子架上。还有一种特别的挂钩可以帮助盘子直接悬挂起来，挂钩固定住盘子的底部，悬挂到墙面上，从正面完全看不到痕迹。

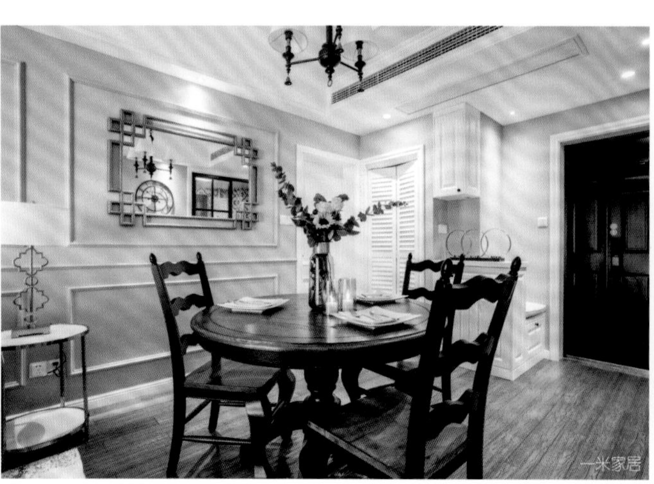
一米家居

郭恒聘设计

锐艺设计

04 卧室

○ 利用大地色系打造经典美式空间

美式风格家居在色彩上追求自然随意、怀旧简洁的感受，因此其色彩搭配一般会比较厚重。饱含自然风情的大地色，是美式风格家居设计中运用最多的色彩。大地色指的是棕色、米色、卡其色等这些源于大自然、大地的颜色。天然的色彩不仅能给人亲切舒适的感觉，并且可以为家居环境制造出平实却又高雅的氛围。温暖的大地色为美式风格空间带来了复古又不失温馨舒适的气息，并且在保持华丽复古的同时，又不失稳重的视感。

◇ 深棕色的墙顶面和家具显得十分厚重，更适合出现在美式古典风格卧室中

◇ 带有节疤的自然材质家具与大地色系的墙面形成完美搭配

◇ 美式风格的卧室中运用大地色系，可以营造一种温暖而又复古的情调

◇ 大地色系与白色的搭配，沉稳的同时散发出一丝清新的气息

软装陈设剖析

原木的家具质感给人以复古沉稳的感觉。金麦穗图案的壁纸，强调了美式空间所追求的荣耀感，太阳花造型和莨苕纹的床品以及抱枕，也体现了美式风格的图案特点。暗蓝色和深紫色在空间中互相穿插，使空间格调显得高贵典雅。床头的书籍和摆件也采用了色彩的关联手法，增加了空间元素的关联感。复古的钟表传达了空间对历史感的强调，紫色的小花和小鸟摆件则使空间多了几分生机。

软装陈设剖析

四柱架子床很好地界定了空间，墙面的灰蓝色和布艺的灰蓝色统一和谐。床品的小碎印花，体现了主人的情怀，同时展现了空间里的浪漫的情调。床尾皮革的质感，又把空间拉到一个充满原始狂野氛围的世界。床幔既有装饰性，又给银色带来了色彩缓冲。小清新和浪漫在现代美式中得以充分体现。蓝色和黄色作为撞色组合，用低纯度的对比，显得和谐而又温馨。

品宸设计

美式风格卧室软装陈设方案

卧室是所有功能空间中最为私密的地方，布置饰品时要充分分析主人的喜好，巧妙利用专属于卧室的饰品，能为卧室空间增添别样的情趣。美式风格的卧室在饰品的选择上注重色差和质感的效果，复古做旧的实木相框、细麻材质抱枕、建筑图案的挂画，都可以成为美式风格卧室中装饰角色的一员。也可在床头柜上放一组照片配合花艺、台灯，能让卧室倍添温馨。

软装陈设剖析

大宅卧室的空间开阔气派，因此功能分区的设计就显得尤为重要。本案的布局并没有采用实体分隔的方式，而是巧妙地运用了家具的摆放，自然地划分出了两个功能区域。为了增加休息区的界限感，设计师选用了具有强化空间界限功能的四柱床，使休息区的界限更为明确，整个空间的布艺设计低调内敛、和谐统一，全部的视觉焦点则完全落到巨大的地面块毯上面，在完成界定功能空间作用的同时，也起到了非常好的装饰效果。

软装陈设剖析

左右开窗的床头背景，天然地形成了经典的三段布局。一款装饰性强的窗帘就成为迫切的需求，窗帘的色彩延续了墙面和角线的色调，使背景浑然一体，绝不出挑。受到窗户宽度的制约，帘头采用平面化处理，简单的接布工艺、下宽上窄的梯状款型，让帘头极具戏剧化。左右对称的拉开形式，把两组窗帘紧密地联系在了一起，跳跃的靠包则成了空间里的视觉中心。床上装饰性的梅花枝干毫不张扬，却为空间带来了无限的惊喜。

美式风格柱床的特点

在美式古典风格中，柱床是非常有代表性的家具。它能够体现当时贵族的奢华品位，又展现精致秀气的柔美感觉。美式柱床大多体量较大，柱子上常带有老鹰、莨菪叶、贝壳等经典美式雕纹，富有历史感和艺术气息。从诞生以来，美式柱床凝聚了无数设计师的奇思妙想，不仅使用了木材、棉麻、铁艺、大理石等各种材料，也巧妙地应用了雕刻、仿古、镶嵌、拼花等各种工艺，让美式柱床显得异彩纷呈。

软装陈设剖析

橄榄绿色的墙面为卧室创造一个平和、安静的整体环境。偌大的飘窗休闲区，实用而舒适。深色的橄榄绿色搭配白色的绗棉床盖，点缀浅色的薄荷绿、灰色，为空间营造出了丰富的变化。深色的水彩鹦鹉装饰画，为空间增添艺术氛围及趣味，让空间不再单调，而且富有生气。

一野设计

品川设计

品川设计

软装陈设剖析

乡野别墅中的美式风格卧室，散发着浓浓的乡村气质。以享受为最高原则的美式风格，在床品和床体的面料选择上，采用纯棉面料，强调舒适，并且追求宽松和柔软。淡蓝色和灰色的布艺配色，舒适、自然，醒目而不张扬。原木材质的家具，极少雕饰，用木材天然的纹理体现美感，瘢痕和虫蛀的做旧工艺，创造出一种古朴的质感。展现出了美式风格粗犷、舒适和随性的风格特点。

软装陈设剖析

美国联邦帝国时期的装饰风格被称为美式新古典风格，它来自对欧洲文化精髓的提炼，经典的款式搭配美洲特有的土著文化和原材料，形成了平民化的美式风格。鉴于空间中家具的主体色调比较深沉，所以床品、布艺和背景色均采用米白色，对比强烈。设计师把“马”这一元素作为主体，贯穿到场景的每个细节，不经意间让空间充满趣味。

如何选择美式风格卧室的台灯

美式风格卧室的床头台灯主要是用于装饰。在美式风格中，大多数的床头台灯都为工艺台灯，由灯座和灯罩两部分组成。在挑选床头台灯的过程中，通常要考虑到家居风格或者个人喜好。美式风格的空间设计非常强调艺术造型和装饰效果，所以床头台灯的外观很重要。美式风格的台灯其灯座表面常采用做旧工艺，整体优雅而自然，与美式家具相得益彰。

软装陈设剖析

自然系的配色结合充满生机的装饰图案，让室内空间格外清新，每个细节都流露着自然的味道。米色和白色的空间主调，温馨柔和，并与略显深沉的原木家具形成了恰当的对比。大面积使用低纯度的绿色，则给整个空间确定了基调，通过不同明度的反复对比，形成色彩上的跳跃。带有绿色碎花图案的窗帘则成为空间里的视觉焦点，由于墙面的限制，错落排列的窗帘反而产生了别样的设计感，无限地拉近了室外美景与室内环境的界限。

一米家居

一米家居

◇ 半高形式的白色护墙板应在确定家具尺寸之后再决定高度，避免低于床板的高度

◇ 美式风格的木墙板也可与欧式风格采用相同的设计方式——以木制的墙板做边框，内部填充墙纸

○ 美式风格空间的护墙板设计

美式风格中，护墙板的颜色以白色和褐色居多。常用材质有两种，一种是实木，另一种是密度板。一般都会选择成品免漆护墙板，这样会比较环保一些。护墙板可以做到顶，也可以做半高的形式。半高的高度可以根据空间的层高的比例来决定，一般在 1~1.2 米左右。在做护墙板之前，要在墙面上用木工板或九厘板做一个基层，这样能保证墙面的平整性，然后再把定制的护墙板安装上去。

此外，美式风格卧室不是只能单一地使用护墙板，因此可以将护墙板与其他多种材质做些结合。如果不想让床头背景上的护墙板显得过于单调，可以将护墙板与墙纸、软包等做结合，同样的护墙板造型运用不同的材质填充，都能形成很特别的装饰效果。

◇ 原木色护墙板表现出美式风格的大气典雅，适合面积较大的卧室空间

◇ 清新的绿色护墙板与红色温莎椅形成对比，增加儿童房空间活泼的氛围

软装陈设剖析

此空间配色基于大自然森林的色调，并在此基础上进行了色彩搭配。大面积用于墙面的绿色，选用了饱和度偏低的绿灰色，降低了绿色本身的刺激度。绿色与褐色地面的结合，如同植物与土地之间相辅相成的关系。淡褐色的床屏和床品提亮空间的色调，有着上升的视感，床毯色彩以及床头柜和斗柜的色彩则呼应地面颜色，有下沉之意。地毯的图样和色彩起到了丰富、平衡空间的作用。

软装陈设剖析

现代美式风格的色彩相对传统美式更加丰富，更加年轻化。靓丽的黄色是年轻人所钟爱的颜色，夸张的花纹壁纸，在白色墙板的衬托下，愈加醒目。真丝面料的床品，华丽富贵并富有光泽。蓝色的加入，又在空间里增添了几分清爽与活力。蜡染风格的蓝色床尾毯，表现力强，把卧室空间点缀得别具一格。本案空间整体设计，从地面到墙面再到家具、布艺和配饰的搭配都充满活力。

软装陈设剖析

本案体量开阔，所以床头背景的墙面设计采用黑灰色，与浅灰色墙面加入木线做出造型，有效地压制了空间，并奠定了稳重的色彩基调。浅灰色麻织的软包床头低调亲切，其柔和的色彩与墙面形成了很好的呼应和对比。咖色系的棉麻床品透露出了其空间雅致的生活气息。此外，空间里出现的兽皮元素，则把美式风格野性豪迈的特点表露无遗。

品川设计

微喀空间

微喀空间

美式风格空间的装饰画悬挂方案

在美式风格的空间中，装饰画是必不可少的装饰元素。设置挂画前一定要安排好悬挂画作的尺寸、数量和间隔，谨慎起见可拍一张所在墙面的照片，在电脑上规划一下。同时也可以选择两幅、三幅或以上的装饰画平行连续排列，上下齐平，间距相同，一行或多行均可。也可以采用一些挂件来替代部分装饰画，并且整体混搭排列成各种造型，形成一个有趣且有质感的展示区。

软装陈设剖析

深沉的木色诉说着年代感，配有流苏的格子花布，以及近乎黑色的蓝色床品，和黑色皮革相互映衬，不同材质却有共同的感觉。真丝的床品展现着这个卧室奢华的品质，虽然美式风格常给人以温馨自然的感觉，但是精致的细节同样能给家居空间制造出曼妙的视觉体验。作为点睛之笔的紫色腰枕体现出了曼妙的精致感。

曾晟设计
曾晟设计
易和设计
诗享家设计

软装陈设剖析

卧室是具有强烈私人属性的休息空间。本案营造了一个无比自然浪漫的休息环境，巧妙地通过大面积的落地窗引入室外的景色。窗帘和墙面设计成一样的颜色，仿佛浑然一体，布艺的布置也是随意自然，仿佛刚刚还有人睡卧其间，生活气息油然而生。壁炉上的镜子作为窗户的室内延伸，形成了有效的呼应。

东尚成设计

05 书房

◇ 铆钉皮质家具

◇ 铆钉布艺家具

○ 最具美式风格特征的两类家具

怀旧是美式风格家居最具情怀的装饰特征。做旧家具上的痕迹就像岁月留下的故事，斑驳的同时也更具观赏性。这种做旧工艺的本身，与现代工艺的制作手法形成了明显的对比，显得文艺感十足。做旧家具主要选用柏木、桤木、楠木、紫檀、花梨木等名贵木种，在同等样式、同等材质的条件下，做旧家具比普通新家具价格高出 50% 左右。

除了做旧风格的家具外，铆钉家具也是非常具有美式风格特征的家具，同时也是美式风格中标志性的装饰元素。铆钉的运用可以避免皮质家具在长期使用下的造成的磨损，同时让家具变得更具刚毅和现代感。

在人们的印象中铆钉通常是与皮革搭配结合，而当铆钉运用在布艺沙发上时，又能让其呈现出另外一番风味。如在布艺沙发的扶手和底座四周搭配以复古铆钉，瞬间变得时尚而大气。当布艺与铆钉结合在一起时，避免了纯色布艺带来的单调感，可以搭配一些时尚流行的花纹元素。

◇ 做旧工艺的书桌桌面带有浓郁的复古气息，与仿古砖地面相得益彰

◇ 厚重的胡桃色实木家具通过做旧的处理，给书房增加了较多的历史感

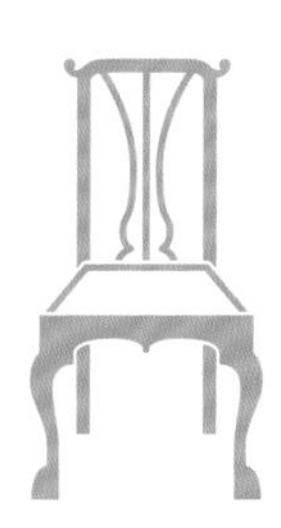

软装陈设剖析

现代美式风格的书房空间，整体线条都趋向于简洁的直线。家具采用了胡桃木原木家具，色彩沉稳厚重，彰显出了美式风格的高贵气质。书桌上的鹿头书挡，是游牧文明的一种体现，丰富了空间表情。做旧质感的铜制地球仪摆件和老式电话机，强调了美式风格对复古格调的追求。橘色底色的装饰画点亮了空间的色彩，同时增加了空间的主题性。铁艺的吊灯同样强化了美式元素在空间中所呈现出来的美感。

美式风格书房的软装陈设方案

书房的空间设计应以安静轻松为原则。为美式风格书房选择饰品时，以表达怀旧的情愫为主。因此，采用做旧的工艺饰品是不错的选择，如仿旧陶瓷摆件、实木相框等。挂画、镜子、老照片、手工艺品等。此外，利用收藏品装饰书房也是一个不错的选择。可以选择一些有文化内涵或贵重的文物藏品作为重点装饰，与书籍、个人喜欢的小饰品搭配摆放，形成主次分明的书房饰品搭配方案。

软装陈设剖析

为营造舒适、自然、随意的生活气息，美式乡村风格的摆场需要各种繁复的装饰物、摆件、绿植、小碎花布等。家具常用实木、布艺和皮革材质，灯具多用铁艺及裸露的灯泡，饰品则风格不一，体现随性自由的美式风情。例如该案中的地图装饰画，很好地诠释了这一点，并且色彩使用偏旧的复古调，与整体环境相融洽。常用饰品有鹿角、树根、玻璃瓶、风扇、仿旧漆的家具等。

软装陈设剖析

这是一个美式风格的书房，整面墙的落地书架使空间显得非常高大。鹿头的装饰壁挂在墙面上栩栩如生，增加了空间的自然属性。由于书架整面为深色的原木质感，所以导致空间略显压抑。为了化解这种压抑的感觉，设计师利用了紫色、白色和黑色三种书籍分别摆满了书架。下方沙发也选用了白色作为主体色，再搭配紫色抱枕点缀于其间，色彩在空间中的穿插营造出了丰富活泼的装饰效果。

东尚成设计
易和设计
集叁设计

06

休闲区

◇ 酒吧区

◇ 视听室

◇ 台球室

◇ 酒吧区

○ 美式风格别墅的地下室改造方案

在一些美式风格的别墅空间中，可以利用地下室或者分隔出一部分公共空间作为休闲区，如可以规划成视听室、台球室、会客室、酒吧区等。这些区域在进行软装搭配时要注意其空间的整体感、均衡感和舒适感，避免因装饰或家具过于集中在室内的某一部位而显得疏密不匀。此外还要根据空间格局，因地制宜，稳妥地把家具放在面积适当的部位。这样既可充分利用空间，又能够弥补房屋建筑方面的某些缺陷。

能在家中有个台球室是很多人的理想。要注意在设计台球室时，一定要保证有足够的空间，球桌四周最好留有 2 米的距离，这样弯身打球时球杆才不会戳到墙面。设计时要根据空间的实际情况，如果空间有限，球桌可以选择相对小一些的美式九球桌。
喜欢酒吧氛围的业主可以把家里的地下室设计成一个休闲酒吧。需要注意的是，由于地下室的采光本身不是很好，而且酒柜一般都是深色的，所以灯光的运用一定要比较到位，空间才不会显得很压抑。

另外，还可以考虑将美式风格别墅的地下室改造成一个视听区，将家里的大部分的娱乐都集中在这个单独的空间。视听室内的装饰元素以表面粗糙、有颗粒感、纹路多的材质为首选。尽量不要选用表面过于光滑和坚硬的材质，比如石材、瓷砖和玻璃等。如果条件允许的话，也可以选择采用专业的声学墙板。

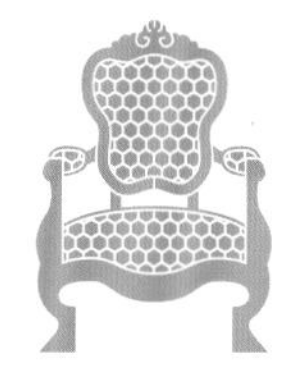

软装陈设剖析

设计师在厚重的美式风格空间中，选择了一款复古传统的烛台吊灯，和整体厚重典雅的硬装搭配形成了呼应，营造出了一种欧式古堡般的感觉。整体空间颜色偏厚重，而在地面则选择使用浅色的地毯，上下空间在颜色上形成了强烈的对比，从而增加了空间的层次感。

软装陈设剖析

美式软体沙发的宽厚和柔软，让空间显得更为舒适。浅米色的羊毛地毯、烟灰色的布艺沙发、米驼色的壁纸交融在一起，形成极为雅致的格调。加上饰品和装饰画的些许淡青色，将休闲区的氛围打造得更为从容优雅。没有繁复的雕饰，也没有绚丽的色彩，体量宽厚的软体沙发坐感舒适，搭配浅灰色调的淡雅与柔和让空间显得温馨无限。

壹阁设计

李益中设计

杨明山设计

美式风格吧台设计的注意事项

美式风格的吧台设计高度一般在1100mm左右，宽度在600mm左右，可以根据空间的不同情况和个人的实际需求来调节尺寸。如果吧台的台面采用亚克力人造石材质，在使用的过程中要注意尽量不要把有色的果汁、红酒等洒到台面，如果不小心弄到台面需要及时清理，否则容易渗色到台面里。另外冬天室内温度比较低的时候，也尽量避免将烧热的锅、器皿等直接放到台面上，这样容易使台面开裂。

软装陈设剖析

本案是以白色调为主的现代美式风格空间。茶几上方的美式蜡烛吊灯，以高雅精致的造型点亮了全局。墙上的书架层层都有灯带作为辅助照明，顶面天花的灯池则增加了上部空间的层次感。两边的筒灯突显出了墙面光洁的材质。空间中布艺的纹路选择，给简洁的白色空间增加了一丝趣味，并和灯光配合得恰到好处。

微塔空间

易和设计

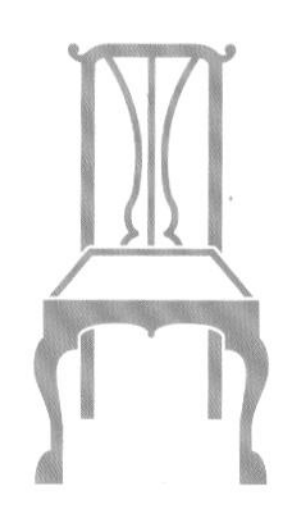

软装陈设剖析

本案空间呈现着乡村生活的闲适与优雅。简约处理的硬装环境，隐身的木梁装饰，打造出了一个富有现代气息的美式风格空间。做旧的色彩与粗编的棉麻面料，把那份质朴与情怀体现得淋漓尽致。未经雕琢的设计手法带来了更为强烈的乡村感受，这也正是人们回归本真的一种美好愿望。